嬉．生活
Chic 101

SAUCES！
手作醬汁聖經

法國食譜天王教你做出經典西式醬汁，
塔塔醬、凱撒醬、白醬、番茄醬、荷蘭醬等

瓦雷西・杜葉 Valéry Drouet ── 著
皮耶路易・威爾 Pierre-Louis Viel ── 攝影

陳惠菁── 譯

高寶書版集團

目錄

小牛肉高湯   4-5
燉牛膝佐鹽漬小檸檬   6

魚高湯   8-9
鮟鱇魚燉芹菜   10

白奶油醬   12-13
香草比目魚排佐檸檬白奶油醬   14

蛋黃醬   16-17
罌粟籽多寶魚佐蛋黃醬   18

荷蘭醬   20-21
鮭魚串佐龍蒿荷蘭醬   22

白醬   24-25
火腿乳酪酥皮派   26

美乃滋醬   28-29
酥炸蘆筍佐檸檬美乃滋醬   30

蒜香蛋黃醬   32-33
烤螺肉佐蒜香蛋黃醬   34

塔塔醬   36-37
酸豆牛舌凍佐塔塔醬   38

辣味蛋黃醬   40-41
魚湯佐辣味蛋黃醬   42

胡椒醬   44-45
牛排佐胡椒醬   46

洛克福藍紋乳酪醬   48-49
小牛肉捲佐蘑菇藍紋乳酪醬   50

大蝦濃湯   52-53
櫛瓜蟹肉蛋塔佐濃湯   54

紅酒醬   56-57
肋眼牛排佐紅酒醬   58

蘋果酒醬   60-61
輪切鱸魚片&煙燻內臟腸佐蘋果酒醬   62

紅蔥頭醬   64-65
串烤小內臟腸佐紅蔥頭醬   66

番茄醬   68-69
大貝殼麵鑲香草小牛肉餡   70

羅勒大蒜醬   72-73
紅緇魚＆豆子佐羅勒大蒜醬   74

橄欖油醬   76-77
小牛胸肉嫩排佐香菜橄欖油醬   78

狗醬   80-81
旗魚排佐日式芥末狗醬   82

蒔蘿醬   84-85
蒔蘿醬貝果   86

綠咖哩醬   88-89
鐵板鮟鱇魚塊佐綠咖哩醬   90

椰奶醬   92-93
芥末鱒魚餅佐椰奶醬   94

鹽漬檸檬醬   96-97
聖賈克干貝佐鹽漬檸檬醬   98

照燒醬   100-101
照燒雞肉串   102

香草醬   104-105
挪威海螯蝦卡黛芙佐香草醬   106

香茅醬   108-109
香茅牡蠣串   110

蘋果葡萄柚甜酸醬   112-113
小牛胸腺佐葡萄柚甜酸醬   114

番茄醬（沾醬用）   116-117

烤肉醬   118-119

凱撒醬   120-121

書中利用跨頁
以圖像及文字介紹每種
醬汁的基本作法，接著，
只要跟著食譜就能實際應用。
以此為基礎，開發出
專屬於你自己的食譜！

小牛肉高湯

準備時間：30 分鐘
料理時間：4 小時 30 分鐘

材料
成品約為 1L 的高湯

- 小牛脊骨塊 2kg
- 小牛蹄 半支
- 小牛膝 150g
- 紅蘿蔔 150g
- 芹菜 100g
- 韭蔥蔥白 100g
- 洋蔥 2 顆
- 綜合香草束 1 把
- 濃縮番茄醬 1 大匙

1 先將剁成小塊的牛脊骨和牛膝放在烤盤上，然後進烤箱，以攝氏 240℃（火力 8 級），烤 30 至 40 分鐘，直到表面呈現金黃色澤。
另將洋蔥剝皮、剖半，放入平底鍋，洋蔥剖面平貼著鍋底放，用大火乾煎 5 分鐘。

2 蔬菜洗淨、切塊。
將表面烤得金黃的牛脊骨和牛膝，倒入雙耳湯鍋備用。
烤盤上多餘的油漬，用廚房紙巾擦去。然後將烤盤放到火上加熱，倒入一杯水進行燴鍋，再加入濃縮番茄醬。烤盤內產生的湯汁，全部倒進雙耳湯鍋。
往鍋內加入洋蔥、蔬菜、牛蹄和綜合香草束，再倒入大量冷水，覆蓋鍋內大部分的食材。
整鍋煮滾後，不加蓋、小滾續煮 4 小時，要常常撈除浮渣。

小牛肉高湯是做各種醬料時不可或缺的基本高湯。另外，也很適合用來燴鍋。

3 使用細濾網，過濾高湯後冷卻。
放進冰箱冷藏，隔天從冰箱拿出來，撈掉高湯上層的浮油。

★如果想得到濃度較純的高湯，就把湯汁倒進長柄湯鍋加熱，收汁一半。小牛肉高湯可以冷藏 5 天，或是放到小塑膠罐冷凍保存。

準備時間：15 分鐘
料理時間：1 小時 40 分鐘

燉牛膝佐鹽漬小檸檬

6 人份

材料

- 小牛膝厚塊　6 塊
- 鹽漬迷你檸檬　4 顆
- 紅洋蔥　2 大顆
- 蜂蜜（或檸檬蜜）100g
- 橄欖油　3 大匙
- 鹽和現磨胡椒

小牛肉高湯材料

- 小牛脊骨塊　2kg
- 小牛蹄　半支
- 小牛膝　150g
- 紅蘿蔔　150g
- 芹菜　100g
- 韭蔥蔥白　100g
- 洋蔥　2 顆
- 綜合香草束　1 束
- 濃縮番茄醬　1 大匙

1. 按照 p.4-5 的步驟，製作小牛肉高湯。（做這道料理時，只需要用到 500ml 的分量，其餘高湯可以先冷凍起來）

2. 首先，洋蔥去皮、切絲。

3. 使用鑄鐵燉鍋，以橄欖油煎牛膝，每一面用中火煎 5 分鐘。

4. 其次，將洋蔥加進鑄鐵燉鍋，並且均勻澆上蜂蜜，讓表面呈現些許焦糖化。再倒入 500ml 的牛肉高湯，用鹽和胡椒調味。

5. 用料理紙蓋住鑄鐵燉鍋，以小火燉煮牛膝 45 分鐘。

6. 鹽漬小檸檬沖洗過後，放入鑄鐵燉鍋。牛膝稍微翻面，繼續用小火煮 45 分鐘，直到肉質軟嫩、與骨頭分離（如果湯汁不夠，可以再多加一些水進去）。趁熱上菜享用！

裝飾著新鮮香菜的
橙香葡萄粗麵粉布丁，
特別適合搭配這道菜，
做為餐後甜點。

魚高湯

準備時間：**15 分鐘**
料理時間：**30 分鐘**

材料
成品約為 750ml 的魚高湯

- 扁魚骨 800g
  （比目魚和海魴魚皆可）
- 紅蔥頭 3 大瓣
- 百里香 2 枝
- 月桂葉 1 片
- 不帶甜味的白酒 400ml
- 奶油 30g

1 將魚骨切段，用冷水沖洗。紅蔥頭
去皮、切片。
在長柄湯鍋中，融化奶油，放入紅
蔥頭末煎 5 分鐘，但不要煎到焦
黃。加入魚骨塊，用中火煮 5 分
鐘，其間要時時攪拌。

2 倒入白酒和 500ml 的水。
加入百里香、月桂葉。
整鍋煮滾後，繼續用中火
讓湯汁小滾約 20 分鐘。

魚高湯是做醬料、
淋醬或是魚肉凍時
的基本高湯。

3 用極細的濾網過濾高湯，
冷卻備用。

★魚高湯可以冷藏 3 天，
太多的話，可以放到小塑
膠罐內冷凍保存。

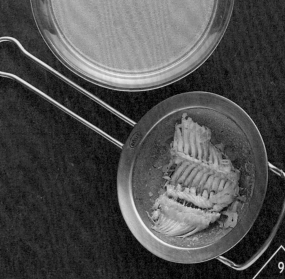

準備時間：50 分鐘
料理時間：40 分鐘

鮟鱇魚燉芹菜

6 人份

材料

- 鮟鱇魚整尾 1.5kg
- 芹菜 1kg
- 紅蔥頭 4 瓣
- 白酒 150ml
- 奶油 120g
- 橄欖油 100ml
- 鹽和現磨胡椒

魚高湯材料

- 扁魚骨（比目魚和海魴魚皆可）
  800g
- 紅蔥頭 3 大瓣
- 百里香 2 枝
- 月桂葉 1 片
- 不帶甜味的白酒 400ml
- 奶油 30g

1. 按照 p.8-9 的步驟，製作魚高湯。

2. 請魚販幫忙將整尾鮟鱇魚去皮，並將魚肉片下來。保留魚骨，並切段備用。

3. 芹菜削皮修整，切成約 10 公分長的小段。取一個煎炒鍋，放入 20g 奶油，倒入切段的芹菜，中火翻炒 3 分鐘直到表面呈現焦黃。加鹽和胡椒調味。往鍋內加水淹過食材。覆蓋上料理紙，中火煮 40 分鐘。

4. 將烹煮芹菜的湯汁倒入魚高湯中，煮 8 至 10 分鐘，讓整鍋高湯收汁一半。剩餘的奶油切塊，加入鍋中，整鍋煮沸，大火繼續加熱 3 分鐘，然後使用攪拌器攪拌，讓醬料充分混合均勻，呈現乳化狀態。

5. 將魚片修整成圓形，放進加入橄欖油的平底鍋中，每一面用大火煎 1 分鐘。

6. 加鹽和胡椒調味。再拿一個平底鍋，放入芹菜和魚排，加入醬料，以小火加熱，即可上菜。

白奶油醬

準備時間：15 分鐘
料理時間：15 分鐘

材料

4 ～ 6 人份
成品約為 300ml 的醬料

- 紅蔥頭 2 大瓣
- 百里香 1 枝
- 月桂葉 1 片
- 不帶甜味的白酒 250ml
- 鮮奶油 200ml
- 奶油 250g
- 鹽和現磨胡椒

1 紅蔥頭去皮、切末，倒入長柄湯鍋內。加入白酒、百里香和月桂葉，湯汁煮到幾乎完全收乾。

2 鮮奶油倒入湯鍋，中火煮沸 5 分鐘，達到收汁一半的程度。

3 鍋子離火，冷藏奶油切成小塊加入，用打蛋器攪拌，使醬料變濃。

這是超級經典的醬料，
適合搭配鮭魚、
鮟鱇魚或比目魚排。
可以說是烤魚、水煮魚、
魚肉凍，甚至是
蒸煮蔬菜的百搭醬料。

4 用極細的濾網過濾醬料，保溫備用（醬料不能煮到沸騰）。

★白奶油醬不能冷藏，否則質地可能會變硬。如果要做檸檬白奶油醬，只要在加入奶油後，多一個添加檸檬汁的步驟（需 1 顆檸檬的量）。也可以加入 3 大匙日本柚子汁（譯註：又稱香橙。日語中的柚子，是芸香科柑橘類的一種。外觀類似橘子，外表不光滑，味酸），**甚至可用苦艾酒代替白酒。**

準備時間：40 分鐘
料理時間：10 分鐘

香草比目魚排佐檸檬白奶油醬

6 人份

材料

- 比目魚片 12 大片
- 平葉巴西利 1 束
- 細葉芹 1 束
- 香菜 1 束
- 紅胡椒籽 1 小匙
- 麵包粉 140g
- 橄欖油 3 大匙＋料理用 3 大匙
- 鹽和現磨胡椒

白奶油醬材料

- 紅蔥頭 2 大瓣
- 檸檬擠汁 2 顆
- 不帶甜味的白酒 150ml
- 鮮奶油 200ml
- 奶油 150g
- 鹽和現磨胡椒

1. 將 3 束香草洗淨，把摘下的葉子，放進食物調理機，並加入 3 大匙橄欖油、紅胡椒籽、麵包粉和少許鹽。均勻混合後，製作出略帶濕潤的綠色粉體。

2. 在比目魚片表面抹上鹽和胡椒，然後將魚片裹上麵包粉，並仔細按壓，讓麵包粉緊緊黏住，冷藏備用。

3. 按照 p.12-13 的步驟，製作白奶油醬，不過在這裡不放進百里香與月桂葉。於步驟 3 加入奶油後，再加入檸檬汁。

4. 在平底鍋中加入 3 大匙橄欖油，以大火煎魚片，每一面要煎 2 分鐘。

5. 使用手持式電動攪拌棒，將熱騰騰的檸檬白奶油醬，攪打至成為質地細密的乳化狀態。熱騰騰的比目魚排，淋上檸檬白奶油醬後，即可馬上享用。另外，還可以用烤甜椒或是香米飯來搭配。

另一種料理方式，就是將比目魚片刷上剩餘的橄欖油，放上鐵板煎烤，每面煎 4 至 5 分鐘。

蛋黃醬

材料

4 ～ 6 人份
成品約為 300ml 的醬料

- 紅蔥頭 2 大瓣
- 新鮮龍蒿 1 束
- 蛋黃 4 顆
- 白酒醋或龍蒿醋 100ml
- 奶油 250g
- 粗磨胡椒粒 1 大匙
- 鹽

1 紅蔥頭去皮、切末。將一半的龍蒿切碎。長柄湯鍋內，加入醋、紅蔥頭末、龍蒿末與胡椒，中火加熱 15 分鐘收汁。另外，將奶油放入碗中，以隔水加熱方式融化奶油。

2 在乾淨的長柄湯鍋裡，混合收汁濃縮的醋、蛋黃、3 大匙水和鹽。用文火加熱，同時以打蛋器攪打，時間約 6 至 8 分鐘，最後會形成慕斯狀的沙巴雍（sabayon）。湯鍋離火，雖然停止加熱，不過還是要再繼續攪打 2 分鐘。

這一道超級經典的醬料，
可搭配紅肉、
烤魚或是禽類白肉等，
甚至也是搭配漢堡的良伴。

3 將在室溫融化的奶油去除雜
質後（要撈掉乳清，也就是
奶油白色的部分），透過濾網
慢慢滴進湯鍋中的沙巴雍，
其間不能停止攪拌的動作。

4 透過細濾網來過濾蛋黃醬。剩下
的龍蒿切碎，和蛋黃醬混合。可
在室溫下保存備用。

★蛋黃醬不能放冰箱冷藏，因此
要在一天之內用掉。
可以用羅勒取代香料中的龍蒿。

準備時間：45 分鐘
料理時間：20 分鐘

罌粟籽多寶魚佐蛋黃醬

6 人份

材料

- 多寶魚排 6 片（350 ～ 400g）
- 藍罌粟籽 150g
- 莙薘菜 2 把
- 奶油 40g
- 橄欖油
- 鹽和現磨胡椒

蛋黃醬材料

- 紅蔥頭 2 大瓣
- 切末的羅勒葉 15 片
- 蛋黃 4 顆
- 白酒醋 100ml
- 奶油 250g
- 粗磨胡椒粒 1 小匙
- 鹽

1. 按照 p.16-17 的步驟，製作蛋黃醬，不過在這裡改用羅勒取代龍蒿。完成後，常溫保存備用。

2. 莙薘菜挑去葉子，整株洗淨。大的長柄湯鍋先煮好一鍋滾水，然後加鹽，放入去葉的莙薘菜莖煮 15 分鐘。撈起後，以冷水沖洗。

3. 將多寶魚排加上鹽和胡椒，刷上一層橄欖油，然後裹上罌粟籽。

4. 將莙薘菜莖切成 3 段，放入平底鍋，用奶油煎 12 至 15 分鐘。

5. 取另一個平底鍋，加入 3 大匙橄欖油，用中火油煎已經裹好香料的多寶魚排，每一面煎 10 分鐘。

6. 完成後，即可搭配蛋黃醬享用。

★料理時，也可以在鐵板上同時煎多寶魚排和莙薘菜。不過要注意：多寶魚排每面煎 8 至 10 分鐘，而莙薘菜則需要多翻炒幾次。

荷蘭醬

準備時間：10 分鐘
料理時間：5 分鐘

材料

4 ～ 6 人份

成品約為 300ml 的醬料

- 蛋黃　4 顆
- 檸檬　1 顆
- 奶油　250g
- 鹽和現磨胡椒

1 檸檬擠汁備用。
隔水加熱，在碗裡融化奶油。
在長柄湯鍋內，一邊用打蛋器攪拌蛋黃和 3 大匙的水，一邊同時用小火加熱 5 分鐘，直到形成慕斯狀的沙巴雍。

2 將在室溫融化的奶油去除雜質後（要撈掉乳清，也就是奶油的白色部分），透過濾網慢慢滴進湯鍋中的沙巴雍，其間不能停止攪拌的動作。

荷蘭醬可以拿來搭配烤魚、蘆筍、糖心蛋，或是焗烤貝類等料理，同時，這也是著名的班尼迪克蛋的佐料。

3 以鹽和胡椒調味，加入檸檬汁，並同時用打蛋器攪拌。荷蘭醬可在室溫下保存。

★若要做出慕斯醬的版本，則加入 100ml 打發的鮮奶油。如果要做出柳橙風味的荷蘭醬，則以 1 顆柳橙擠汁，來取代檸檬汁，最後再加入半顆柳橙刨下的柳橙皮。另外還可以用切成細末的蝦夷蔥、香菜或羅勒做裝飾。

準備時間：40 分鐘
料理時間：6 分鐘

鮭魚串佐龍蒿荷蘭醬

6 人份

材料

- 去皮輪切鮭魚片
  （每塊約 150g） 6 塊
- 橄欖油 3 大匙＋料理用 3 大匙
- 鹽
- 新鮮現磨黑胡椒
  （尾胡椒是首選） 1 大匙

  （譯註：蓽澄茄 piper cubeba，又名
  尾胡椒，外觀上與黑胡椒類似，但是果
  實上多了一支梗柄，也就是「尾胡椒」
  名稱的由來，又名「爪哇胡椒」）

龍蒿荷蘭醬材料

- 蛋黃 3 顆
- 檸檬 1 顆
- 奶油 180g
- 新鮮龍蒿 半枝
- 低溫冷藏打發用鮮奶油 3 大匙
- 鹽和現磨胡椒

1. 將鮮奶油用打蛋器打發。龍蒿葉切末。

2. 按照 p.20-21 的步驟，製作荷蘭醬。將打發的鮮奶油和龍蒿末加入醬料中，放在室溫備用。

3. 鮭魚對半切後，用烤肉叉串起。灑上胡椒和鹽，並且刷上一層橄欖油。

4. 平底鍋中加入 3 大匙橄欖油，將鮭魚串每面煎 1 分鐘。

5. 搭配龍蒿荷蘭醬，以及綜合生菜葉沙拉即可上菜。

白醬

準備時間：**10 分鐘**
料理時間：**10 分鐘**

材料
成品約為 500ml 的醬料

- 麵粉　50g 或 Maïzena 牌玉米粉　40g
- 牛奶　500ml
- 肉豆蔻果實　1 顆
- 奶油　50g
- 鹽和現磨胡椒

1 在長柄湯鍋內，放入奶油，以中火融化。
再加入麵粉或玉米粉，用鍋鏟攪拌混合。
整鍋煮 5 分鐘，其間要不斷攪拌，直到形成乳白色麵糊。

白醬是百搭基礎醬料，
可搭配焗烤魚、焗烤蔬菜、
酥皮派、舒芙蕾、
烤火腿乳酪三明治、
千層麵和菊苣火腿捲。

2 將冷藏的牛奶倒入鍋中，
並且用打蛋器攪拌。
以中火煮白醬 5 分鐘，同
時不間斷地用打蛋器攪拌。

3 添加鹽、胡椒，將 1/4 顆分量的肉豆
蔻磨碎加入，並且混合均勻。
將白醬倒入容器中，封上保鮮膜，避
免醬料表面結塊。

★最後，可以在白醬內加入以奶油炒
過的洋蔥末（1 顆洋蔥的量）、120g
刨絲的米莫雷特乾酪或康堤乾酪。

準備時間：30 分鐘
料理時間：30 分鐘

火腿乳酪酥皮派

6 人份

材料

- 整塊（或分成兩塊）冷凍的
  千層派皮麵團 500g
- 0.5 公分厚的白火腿片 250g
- 康堤乾酪整塊 220g
- 蛋黃 1 顆

白醬材料

- 麵粉 60g
- 牛奶 400ml
- 肉豆蔻末 2 撮
- 奶油 60g
- 鹽和現磨胡椒

1. 按照 p.24-25 的步驟，製作白醬。

2. 將火腿切丁。切除康堤乾酪外圍的硬皮，保留 50g 的一整塊乾酪，剩餘的切丁備用。將乳酪丁和火腿丁與放涼的白醬混合均勻。

3. 烤箱預熱到 180℃（火力 6 級）。將千層派皮麵團擀成兩片大小一致、厚度約 0.3 至 0.4 公分厚的長方型麵皮。

4. 將其中一張麵皮放在襯了料理紙的烤盤上，使用小刷子，將麵皮四周刷上蛋黃液。把白醬在麵皮上塗開，不過要避開邊緣四周 3 公分的區域。接下來，放上另一張麵皮，稍微輕壓一下。最後用手指按壓麵皮邊緣，使其密合，形成酥皮派的頂蓋。

5. 麵皮表面刷上蛋黃，將剩餘的康堤乾酪切片鋪在上面。做好的酥皮派送入烤箱烤 30 分鐘。之後取出稍微放涼，與沙拉一起上菜。

美乃滋醬

準備時間：**5 分鐘**
無須烹煮

材料
成品約為 300ml 的醬料

- 特鮮蛋黃　1 顆
- 特濃芥末醬　滿滿 1 大匙
- 葡萄酒醋　1 大匙
- 葵花籽油　250ml
- 鹽和白胡椒粉

1 先確保所有食材溫度一致。在一個容器中，用打蛋器混合蛋黃和芥末醬。

2 製作美乃滋醬的過程中，在打蛋盆底下墊一塊乾淨的廚房抹布，幫助容器止滑。
將油緩緩注入芥末與蛋黃的混合液中，同時用打蛋器不斷攪拌，讓美乃滋醬的質地更加緻密。
最後加入醋、鹽和胡椒粉，再度攪拌均勻。

3 用碗盛裝完成的美乃滋醬，常溫備用（不須冷藏）。
完成之後，請儘快食用完畢。

此為百搭醬料，
可用來搭配海鮮、白煮蛋、
雞肉冷盤和漢堡等。

★ 美乃滋醬冷藏可以保存 1 天（不可冷凍）。
美乃滋醬也可以添加以下材料，來增添風味：
· 艾斯雷辣椒粉 1 大匙
· 哈里薩辣醬 1 大匙
· 日式芥末 滿滿 1 小匙
· 芥末醬 2 大匙
· 坦都里香料粉或番紅花 1 大匙
另外，也可以做出雞尾酒醬，只要加入 100ml
的番茄醬以及 2 大匙的干邑白蘭地即可。

準備時間：20 分鐘
料理時間：5 分鐘

酥炸蘆筍佐檸檬美乃滋醬

6 人份

材料

- 煮熟的綠蘆筍 18 根
- 麵粉 100g
- 麵包粉 140g
- 雞蛋 2 顆
- 檸檬外皮 1 顆的量
- 炸油 500ml

檸檬美乃滋醬材料

- 特鮮蛋黃 1 顆
- 特濃芥末醬 滿滿 1 大匙
- 檸檬汁 2 顆的量
- 葵花籽油 250ml
- 鹽和現磨胡椒

1. 按照 p.28-29 的步驟製作美乃滋醬，在最後一個步驟用檸檬汁取代醋。

2. 使用三個深盤子，一個放入麵粉，一個用來打蛋，另外一個放入麵包粉與磨碎的檸檬皮。

3. 把蘆筍依序分別沾附三個盤子的麵粉、蛋液與檸檬皮麵包粉。

4. 在平底鍋中將炸油加熱，將蘆筍油炸 2 分鐘。撈起後用紙巾將蘆筍上的油分吸乾。搭配檸檬美乃滋醬即可享用。

蒜香蛋黃醬

準備時間：20 分鐘
無須烹煮

材料

4～6 人份
成品約為 300ml 的醬料

- 特鮮蛋黃　1 顆
- 大蒜　4 大瓣
- 芥末醬　1 大匙
- 葵花籽油或葡萄籽油　100ml
- 橄欖油　100ml
- 鹽和現磨胡椒

1 大蒜去皮，蒜心如有長芽，一併摘除。
將大蒜搗成蒜泥，在碗裡混合蒜泥、芥末醬和蛋黃。

2 慢慢倒入葵花籽油和橄欖油，一邊不停用打蛋器攪拌，類似於製作美乃滋醬的步驟。
加鹽和胡椒調味。

來自南法普羅旺斯
的蒜香蛋黃醬，
適合用來搭配各式寒帶魚種
（新鮮鱈魚、綠鱈等）、
魚肉凍或是白肉冷盤。

3 將醬料倒入碗裡，蓋上保鮮膜，在冰箱中保存備用，上菜前再拿出來即可。

★蒜香蛋黃醬可以冷藏保存1天。

準備時間：1 小時
浸泡時間：1 小時
料理時間：15 分鐘

烤螺肉佐蒜香蛋黃醬

6 人份

材料

- 蛾螺 3.5kg
  （在容器中加入冷水、灑一把粗鹽，讓螺浸泡 1 小時吐沙）
- 小馬鈴薯 12 顆
- 水煮蛋 6 顆
- 去皮紅蘿蔔 3 大根
- 櫛瓜 2 大條
- 櫻桃番茄 18 顆
- 月桂葉 1 片
- 百里香 2 小枝
- 艾斯雷辣椒粉 2 大匙
- 橄欖油
- 粗鹽
- 鹽和現磨胡椒

蒜香蛋黃醬材料

- 特鮮蛋黃 1 顆
- 大蒜 4 大瓣
- 芥末醬 1 大匙
- 葵花籽油 100ml
- 橄欖油 100ml
- 鹽和現磨胡椒

1. 按照 p.32-33 的步驟，製作蒜香蛋黃醬。

2. 用冷水沖洗蛾螺數次並且瀝乾，放入長柄湯鍋中。加入 1 大匙辣椒粉、1 把粗鹽、百里香和月桂葉。冷水約略蓋過食材。煮滾後，以中火續煮 30 分鐘。其間要不時撈去表面的浮渣。

3. 將紅蘿蔔與櫛瓜輪切成厚片大小。取長柄湯鍋煮水，水滾後加鹽，放入馬鈴薯煮 20 分鐘。取另一個長柄湯鍋，將水煮滾加鹽，放入蔬菜。紅蘿蔔要水煮 12 至 15 分鐘，櫛瓜則水煮 5 分鐘。將所有蔬菜撈起瀝乾、沖冷水，冷卻後備用。

4. 蛾螺撈起瀝乾、沖冷水，冷卻後去殼。小心去除鰓蓋以及腸子末端。

5. 將小馬鈴薯切半，與紅蘿蔔、櫛瓜以及番茄一起放入平底鍋中，用 3 大匙橄欖油，中火拌炒 4 至 5 分鐘。

6. 使用另一個平底鍋，大火拌炒螺肉 4 至 5 分鐘。

7. 剛炒好、熱騰騰的螺肉和蔬菜，搭配水煮蛋和蒜香蛋黃醬，再淋上橄欖油、灑上辣椒粉，即可上菜。

塔塔醬

準備時間：**30 分鐘**
無須烹煮

材料

4 ～ 6 人份

成品約為 300 ～ 400ml 的醬料

- 中型洋蔥 1 顆
- 酸黃瓜 100g
- 酸豆 80g
- 蝦夷蔥 1 把
- 平葉巴西利 1 束
- 細葉芹 1 束
- 龍蒿 1 束

美乃滋醬材料

- 特鮮蛋黃 1 顆
- 特濃芥末醬 滿滿 1 大匙
- 葵花籽油 250ml
- 鹽和白胡椒粉

1 按照 p.28-29 的步驟，製作美乃滋醬（不要加醋）。
加鹽和胡椒。

2 洋蔥去皮、切末。
酸豆和酸黃瓜也同樣剁碎切末。
香草洗淨後切末。

塔塔醬可以搭配魚、
肉類冷盤、水煮蛋、
炸物和炸魚薯條等。

3 將美乃滋和所有的香草、酸豆、酸
黃瓜、洋蔥混合均勻。
不能冷凍，冷藏最多只能放 1 天。

★在最後，可以將 1 顆水煮蛋切碎
後加入。

準備時間：30 分鐘
浸泡時間：1 小時
烹調時間：3 小時
冷凍時間：7 至 8 小時

酸豆牛舌凍佐塔塔醬

牛舌凍可以搭配
薄酒萊紅酒 罌粟籽麵包、
酸黃瓜和醋漬小洋蔥
一起享用。

6 人份

材料

· 牛舌 1 付
· 酸豆 100g
· 去皮紅蘿蔔 2 根
· 洋蔥 2 顆
· 修整過的芹菜 1 束
· 平葉巴西利 1 束
· 綜合香草束 1 束
· 丁香粒 2 顆
· 高湯凍 400ml
· 鹽和現磨胡椒

塔塔醬材料

· 特鮮蛋黃 1 顆
· 中型洋蔥 1 顆
· 平葉巴西利 1 束
· 蝦夷蔥 1 把
· 細葉芹 1 束
· 龍蒿 1 束
· 酸豆 80g
· 特濃芥末醬 滿滿 1 大匙
· 葵花籽油 250ml
· 鹽和白胡椒粉

1. 牛舌浸泡冷水 1 小時後，撈起放入漏勺沖洗。一顆洋蔥去皮後，把丁香粒插在洋蔥上。

2. 在一個大的燉鍋裡放入牛舌，與洋蔥、紅蘿蔔、芹菜和香料束一起燉煮。加鹽和胡椒，注入冷水蓋過食材。

3. 整鍋煮沸後，撈去表面的浮渣，再蓋上鍋蓋，以小火煮 3 小時（燉煮過程中，如有必要，可以加入少許水）。關火，讓浸泡在湯汁裡的牛舌逐漸冷卻。

4. 牛舌撈起瀝乾，去掉外層的膜以及顏色較深、較油的部分。將牛舌切成 0.5 公分厚的薄片。

5. 將另一顆洋蔥去皮切末。巴西利洗淨、切碎。酸豆切碎放入碗中，與洋蔥、巴西利混合均勻。

6. 倒一些高湯凍到 20×10 公分大小的陶罐。加入一點點酸豆醬，再將牛舌片鋪在陶罐底部。重複這樣的步驟，直到用完所有材料（高湯凍、酸豆醬和牛舌片），最後要放一些酸豆醬，最上層鋪上高湯凍。陶罐放冰箱冷藏 7 至 8 小時。

7. 按照 p.36-37 的步驟，製作塔塔醬。

8. 上菜前，打開熱水，讓水澆淋陶罐外緣，再輕輕將牛舌凍脫模取出，倒扣在盤子上。將牛舌凍切片，搭配醬料一起上菜。

辣味蛋黃醬

準備時間：30 分鐘
料理時間：10 分鐘

材料

4 ～ 6 人份

成品約為 300ml 的醬料

- 雞蛋 2 顆
- 鯷魚 2 片
- 大蒜 2 瓣
- 濃縮番茄醬 1 小匙
- 特濃芥末醬 滿滿 1 大匙
- 番紅花 3 小撮
- 辣椒粉 2 小撮
- 葵花籽油或葡萄籽油 100ml
- 橄欖油 100ml
- 鹽

1 用長柄湯鍋將水煮滾、加鹽，放入
一顆雞蛋煮 10 分鐘。
蛋撈起用冷水沖洗後，剝去蛋殼，
只保留蛋黃備用。
大蒜去皮、細切成末。鯷魚切碎。

2 在迷你食物調理機內，放入煮熟的蛋黃，以及一顆生蛋黃，與芥末醬、番茄醬、鯷魚、大蒜、番紅花、辣椒粉和 1 小撮鹽，混合 2 分鐘。
攪拌機運轉的同時，倒入兩種油，攪拌成質地均勻的醬料。

此醬料可以搭配魚湯
佐烤小麵包丁、馬賽魚湯、
烤鱈魚背、鮟鱇魚下巴等。

3 將辣味蛋黃醬倒入碗中。

★如要製作辣味蛋黃醬的速成版，可以混合 300ml 的美乃滋醬、2 瓣大蒜、2 片切碎的鯷魚片和 2 小撮番紅花。（速成歸速成，不過正版的辣味蛋黃醬，絕對值得一試！）

準備時間：45 分鐘
料理時間：1 小時 30 分鐘

魚湯佐辣味蛋黃醬

6 ～ 8 人份

材料

- 礁岩魚類、紅鮋魚、魴魚或
  獅子魚 2kg
- 紅蘿蔔 800g
- 馬鈴薯 300g
- 番茄 4 顆
- 洋蔥 1 大顆
- 大蒜 6 瓣
- 濃縮番茄醬 2 大匙
- 番紅花 2 大撮
- 辣椒粉 1 大匙
- 茴香酒 3 大匙
- 橄欖油 100ml
- 鹽和現磨胡椒

辣味蛋黃醬材料

- 雞蛋 2 顆
- 鯷魚 2 片
- 大蒜 2 瓣
- 濃縮番茄醬 1 小匙
- 濃芥末醬 滿滿 1 大匙
- 番紅花 3 小撮
- 辣椒粉 2 小撮
- 葵花籽油或葡萄籽油 100ml
- 橄欖油 100ml
- 鹽

1. 如果選用的是小型礁岩魚類，只要用清水洗淨即可（不須將內臟清空）。其他的魚類，以水沖洗之外，還需要清除內臟，並且切塊。

2. 大蒜和洋蔥去皮切末。將番茄洗淨，並分切成 4 塊。馬鈴薯和紅蘿蔔洗淨、去皮，並且切塊。

3. 取一只燉鍋，放入洋蔥和大蒜，以橄欖油拌炒 5 分鐘。加入魚肉，大火快炒 5 分鐘，使其呈現金黃色澤。拌入番茄、濃縮番茄醬、茴香酒、辣椒粉、番紅花、鹽和胡椒，拌炒 5 分鐘，使其均勻上色，最後再加入紅蘿蔔和馬鈴薯。以冷水蓋過食材，整鍋煮滾後，再用小火煮 1 小時 30 分鐘至 1 小時 45 分鐘，並不時撈去湯汁表面的浮渣。

4. 按照 p.40-41 的步驟，製作辣味蛋黃醬。

5. 將整鍋湯用手持式電動攪拌棒，攪打 5 分鐘。然後用細篩網過濾湯汁，盡可能施力按壓，以獲得最大量的湯汁。

6. 將魚湯倒入長柄湯鍋，一邊用打蛋器攪拌，一邊煮到沸騰。以鹽和胡椒調味。搭配塗抹生大蒜入味的麵包丁、辣味蛋黃醬和刨絲的葛瑞爾乾酪，即可食用。

胡椒醬

準備時間：15 分鐘
料理時間：30 分鐘

材料

4～6 人份

成品約為 300ml 的醬料

- 粗磨胡椒粒或罐裝綠胡椒 2 大匙
- 小牛肉高湯（作法參考 p.4-5）200ml
- 波特酒 200ml
- 干邑白蘭地 100ml
- 鮮奶油或發酵鮮奶油 200ml
- 鹽

1 取一個長柄湯鍋，放入粗磨胡椒粒，
以大火烘烤 3 分鐘。
將干邑白蘭地倒入鍋中，點火讓酒燃
燒，中火收汁 5 分鐘。

2 倒入波特酒至湯鍋煮沸，然後收汁
2/3。
添加進小牛肉高湯，繼續收汁，煮到
質地濃稠，讓醬料充分混合攪拌。

3 湯鍋中倒入鮮奶油，加入鹽。整鍋拌勻。

黑胡椒醬可以
搭配炙烤紅肉、
烤小牛肉佐蘑菇、
燉禽肉捲或是小內臟腸。

4 大火收汁的同時，一邊用打蛋器時時攪拌，讓醬料質地更細密。

5 將醬料倒入碗中。

★如果使用的是綠胡椒，則用手持式電動攪拌棒攪打醬料 3 分鐘。醬料冷藏可以保存 2 天，也可以冷凍備用。

準備時間：30 分鐘
料理時間：25 分鐘

牛排佐胡椒醬

6 人份

材料

- 後腿肉牛排（或其他部位）
  6 片，每片約 200g
- 馬鈴薯 1.5kg
- 植物油 3 大匙
- 粗磨胡椒粒 40g
- 鹽和現磨胡椒
- 炸油

胡椒醬材料

- 粗磨胡椒粒或罐裝綠胡椒 40g
- 特濃小牛高湯 200ml
  （作法參考 p.4-5）
- 波特酒 200ml
- 干邑白蘭地 100ml
- 鮮奶油或發酵鮮奶油 200ml
- 鹽

1. 馬鈴薯去皮、並切成粗薯條。洗淨後，用乾淨的餐巾擦乾。

2. 炸油加熱至 150℃。薯條在油鍋中炸 5 分鐘後，撈起瀝乾、冷卻備用。

3. 在牛排表面，灑上 40g 的粗磨胡椒粒，並且輕輕按壓，使顆粒均勻附著到牛排上。

4. 平底鍋裡，放入植物油和牛排，依照所期待的熟度，將牛排每一面煎 3 至 8 分鐘不等。盛盤後，以另一個盤子覆蓋住保溫。

5. 按照 p.44-45 的步驟，製作胡椒醬。

6. 將抹上胡椒的牛排，放入醬料中加熱 3 至 4 分鐘。

7. 料理同時，將炸油的溫度增溫到 180℃，讓薯條回炸，直到呈現金黃色澤。薯條撈起瀝油、加鹽。搭配胡椒醬牛排上菜。

洛克福藍紋乳酪醬

準備時間：**15 分鐘**
料理時間：**30 分鐘**

材料

4 ～ 6 人份

成品約為 400ml 的醬料

- 洛克福藍紋乳酪　150g
- 紅蔥頭　2 瓣
- 小牛肉高湯　200ml
- 鮮奶油　250ml
- 奶油　20g
- 鹽和現磨胡椒

1 紅蔥頭去皮、切末。放入長柄湯鍋，使用奶油以中火煎 5 分鐘。

2 加入小牛肉高湯，中火煮滾 10 分鐘，稍微收汁。

美味的醬料，
可以搭配炙烤紅肉、
烤小牛肋排、
鍋煎雞肉等。

3 將鮮奶油倒入鍋內，加鹽和胡椒調味。以中火煮滾 10 至 15 分鐘，同步攪拌，直到醬料變濃稠。

4 拌入切成小塊的洛克福藍紋乳酪，然後用手持電動攪拌棒混合 3 分鐘，成為滑順的醬料。

5 將醬料放入容器，保溫備用，如能隔水保溫最好（但不可煮到沸騰）。

★ 醬料可以在冰箱冷藏保存 2 天。食譜步驟的最後一步，可以添加切碎的堅果。

準備時間：40 分鐘
料理時間：30 分鐘

小牛肉捲佐蘑菇藍紋乳酪醬

6 人份

材料

- 小牛肉片 6 大片
- 洛克福藍紋乳酪 100g
- 香腸肉 400g
- 蘑菇 250g
- 平葉巴西利 2 枝
- 植物油 3 大匙
- 鹽和現磨胡椒

洛克福藍紋乳酪醬材料

- 洛克福藍紋乳酪 150g
- 紅蔥頭 2 瓣
- 小牛肉高湯 200ml
- 鮮奶油 250ml
- 奶油 20g
- 鹽和現磨胡椒

1. 將清洗後的蘑菇略微切碎。巴西利洗淨、切末。

2. 在平底鍋內，加入油和蘑菇，以中火炒 10 分鐘。加鹽、胡椒和巴西利，均勻拌炒。

3. 取一只沙拉碗，混合蘑菇、香腸肉和切成小塊的洛克福藍紋乳酪。

4. 餡料分成 6 等分。每個肉片中央都放上一份的餡料，將肉片捲起，並且小心綁起來。

5. 準備洛克福藍紋乳酪醬：紅蔥頭去皮、切末。取一鑄鐵燉鍋，用奶油煎肉捲 2 分鐘，每一面都要煎到。加入紅蔥頭末，炒 3 分鐘直到呈現金黃色。加入小牛肉高湯，加鹽和胡椒調味。蓋上燉鍋，小火燉煮 20 分鐘。

6. 從燉鍋取出肉捲，剩下的湯汁，再繼續收汁一半。加入鮮奶油，大火收汁 5 分鐘，做出濃稠的醬料。加入 150g 的洛克福藍紋乳酪，使用手持式電動攪拌棒混合醬料。

7. 肉捲放入醬料中，加熱 3 分鐘，即可搭配飯或是寬麵上菜。

大蝦濃湯

準備時間：30 分鐘
料理時間：1 小時 30 分鐘

材料

4～6 人份

成品約為 400ml 的醬料

- 挪威海螯蝦或大蝦　500g
- 紅蘿蔔　1 大根（200g）
- 番茄　1 顆
- 黃洋蔥　1 顆
- 濃縮番茄醬　1 大匙
- 不帶甜味的白酒　300ml
- 鮮奶油　300ml
- 橄欖油　50ml
- 鹽和現磨胡椒

1 將海螯蝦剁碎。洋蔥去皮、切碎。紅蘿蔔去皮、切成小塊。
在長柄湯鍋裡，放入海螯蝦，以橄欖油大火煎 5 分鐘。加入洋蔥和紅蘿蔔，一起煮 5 分鐘。加入濃縮番茄醬和番茄丁，繼續以大火煮 5 分鐘。

2 白酒倒入湯鍋內，並且煮滾。
加冷水蓋過食材，再煮滾一次。
然後將火力轉小，續煮 45 分鐘。

此為超級經典的濃湯，可以搭配魚、蛋塔、魚肉凍或是蔬菜等。

3 將鮮奶油倒入湯鍋內，加鹽和胡椒調味，以小火煮30分鐘。

4 以手持式電動攪拌棒，將湯汁攪勻，用細網過濾。湯汁倒入長柄湯鍋，收汁程度依據喜好而定。

★濃湯可以冷藏3天或是冷凍備用。海螯蝦可以用蝦、龍蝦或小龍蝦取代。

準備時間：30 分鐘
料理時間：2 小時

櫛瓜蟹肉蛋塔佐濃湯

6 人份

材料

- 櫛瓜　250g
- 番茄　2 顆
- 蟹肉　400g
- 雞蛋　3 顆
- 紅蔥頭　2 瓣
- 艾斯雷辣椒粉　1/2 小匙
- 鮮奶油　150ml
- 橄欖油　3 大匙
- 鹽和現磨胡椒
- 奶油（塗抹模具用）

製作 200ml 濃湯的材料

- 挪威海螯蝦或蝦　200g
- 紅蘿蔔　1 小根
- 番茄　1 顆
- 黃洋蔥　1 顆
- 濃縮番茄醬　1 小匙
- 不甜的白酒　100ml
- 鮮奶油　150ml
- 橄欖油　2 大匙
- 鹽和現磨胡椒

1. 按照 p.52-53 的步驟，製作濃湯。

2. 將櫛瓜和番茄洗淨、切丁。紅蔥頭去皮、切末。

3. 在長柄湯鍋內，加入紅蔥頭，以橄欖油中火油煎 5 分鐘。加入櫛瓜和番茄。加鹽和胡椒，以中火煮 15 分鐘。加入鮮奶油、辣椒粉和 3 大匙水。攪拌之後，蓋上鍋蓋，小火煮 10 分鐘。混合均勻，放涼備用。最後再加入蛋液和蟹肉。

4. 烤箱預熱至 180℃（火力 6 級）。

5. 將拌好的餡料倒入 6 個塗抹好奶油的大模子。烤盤中加水，擺上蛋塔，以隔水加熱的方式，烤 30 至 35 分鐘後，以乾淨的刀尖插入餡料，檢查是否熟透。放涼備用。

6. 所有的濃湯材料，先以手持式電動攪拌棒，混合均勻。加入鮮奶油，中火煮 15 分鐘。使用細篩網過濾後，再攪拌一次。

7. 放涼的蛋塔，可以直接搭配熱濃湯上菜，也可以重新加熱上菜。

紅酒醬

準備時間：20 分鐘
料理時間：30 分鐘

材料

4 ～ 6 人份

成品約為 350ml 的醬料

- 紅蔥頭　250g
- 勃艮第紅酒　400ml
- 特濃小牛肉高湯
  （作法參考 p.4-5）300ml
- 奶油　25g
- 鹽和現磨胡椒

1 紅蔥頭去皮、切末。將
紅酒倒入長柄湯鍋，加
入紅蔥頭末，中火煮 15
分鐘，讓酒收汁 2/3。

2 加入小牛肉高湯、鹽和胡椒。沸騰後，續煮 15 分鐘，使醬料濃稠。

醬料可以搭配 Bavette
牛排（腰腹肉部位）、
肋眼牛排、Onglet 牛排
（膈柱肌肉部位）、
小內臟腸和豬肋排。

3 鍋子離火，加入切塊的冷藏奶油，用打蛋器攪拌。

★醬料放冰箱可以冷藏 2 天。也可以用波特酒，來取代材料中勃艮第紅酒的一半分量。在酒收汁前，也可以加入 1 大匙的糖。

準備時間：45 分鐘
料理時間：50 分鐘

肋眼牛排佐紅酒醬

6 人份

材料

- 肋眼厚切牛排
  （每片約 220～250g）6 片
- 馬鈴薯 1kg
- 大蒜 4 瓣
- 牛奶 400ml
- 肉荳蔻
- 鮮奶油 300ml
- 花生油 2 大匙
- 鹽和胡椒

紅酒醬材料

- 紅蔥頭 250g
- 勃艮第紅酒 400ml
- 超濃小牛肉高湯
  （作法參考 p.4-5）300ml
- 奶油 30g
- 鹽和現磨胡椒

1. 按照 p.56-57 的步驟，製作紅酒醬。

2. 大蒜去皮、切碎。馬鈴薯去皮，切成 0.3 至 0.4 公分厚的圓片。將切好的馬鈴薯片放入長柄湯鍋內，加入牛奶、鮮奶油、大蒜、2 大撮肉荳蔻、鹽和胡椒。一邊攪拌、慢慢煮沸，中火續煮 20 分鐘，別忘了要時時攪拌。

3. 烤箱預熱至 180℃（火力 6 級）。

4. 馬鈴薯撈起瀝乾，可以放入一個焗烤盤，或是分到六個小盤子，並且倒入一些醬料。最後，確保食材表面平整後，放入烤箱烤 20 至 30 分鐘。

5. 將肋眼牛排放上烤架或鐵板炙烤，也可以用平底鍋油煎，根據你喜愛的熟度，每一面約需 3 至 5 分鐘。加鹽和胡椒調味，搭配熱騰騰的法式焗烤馬鈴薯和紅酒醬，建議馬上享用。

蘋果酒醬

準備時間：**10 分鐘**
料理時間：**15 分鐘**

材料

4 ～ 6 人份

成品約為 300ml 的醬料

- 甜蘋果酒 100ml
- 蘋果酒醋 100ml
- 加鹽奶油 120g
- 紅糖 滿滿 1 大匙
- 鹽和現磨胡椒

1 將醋和蘋果酒倒入長柄湯鍋。加入紅糖，中火煮 10 至 15 分鐘，收汁一半。

2 火轉小，分次加入切成小塊的奶油，一邊用打蛋器攪打，讓醬料濃稠。最後加鹽和胡椒。

這道美味的醬料，
可以搭配炙烤白肉、
酥炸小內臟腸，
或是卡門貝爾乳酪炸餃等。

3 將醬料倒入容器。

★在上菜前，可以用手持式電動攪拌棒，攪打醬料 30 秒。蘋果酒醬可以放冰箱保存 2 天（如果是使用冷藏後的醬料，則在加熱後再攪拌）。蘋果酒醬也可以冷凍備用。最後，加入 2 大匙的蘋果白蘭地，或是將一顆分量的蘋果切丁，用奶油炒過，增加焦糖色澤後加入醬料中。

準備時間：30 分鐘
醃漬時間：2 小時
料理時間：15 分鐘

輪切鱸魚片 &
煙燻內臟腸佐蘋果酒醬

6 人份

材料

- 鱸魚 3 尾（800～900g）
- 蓋梅內煙燻內臟腸 500g
- 蘋果酒醋 3 大匙
- 橄欖油 6 大匙
- 鹽和現磨胡椒

蘋果酒醬材料

- 甜蘋果酒 100ml
- 蘋果酒醋 100ml
- 加鹽奶油 120g
- 紅糖 滿滿 1 大匙
- 鹽和現磨胡椒

1. 鱸魚去鱗，並且去頭。小心去除內臟，然後輪切，以冷水沖洗乾淨。

2. 準備醃料：在一個碗裡混合蘋果酒醋、鹽和胡椒，加入 3 大匙的橄欖油。混合好的汁液倒一半到湯盤裡，將鱸魚片浸到湯汁中，並且用刷子在表面來回塗刷剩餘的醬料，覆上保鮮膜、放冰箱醃漬 2 小時。

3. 按照 p.60-61 的步驟，製作蘋果酒醬。

4. 將內臟腸的腸衣撕下，切成 0.5 至 0.6 公分的厚片，然後每片再對半切。

5. 將鱸魚片瀝去多餘的醃醬。取一平底鍋，加入剩餘的橄欖油，魚片每面以中火煎 2 至 3 分鐘。加入香腸切片，全部再煎 2 分鐘，使其均勻上色。

6. 鱸魚片和香腸佐蘋果酒醬上菜。另外也可以搭配奶油炒海蘆筍或寬麵。

紅蔥頭醬

準備時間：20 分鐘
料理時間：40 分鐘

材料

4 ～ 6 人份

成品約為 400ml 的醬料

- 紅蔥頭　400g
- 特濃小牛肉高湯
  （作法參考 p.4-5）200ml
- 百里香（可選）數枝
- 奶油　50g
- 鹽和現磨胡椒

1 紅蔥頭去皮，縱向
切片。

紅蔥頭醬可完美搭配
Bavette 牛排（腰腹肉部位）、
肋眼牛排、**Onglet** 牛排
（膈柱肌肉部位）、
烤珠雞或小內臟腸等料理。

2 在煎炒鍋內融化 30g 的奶油。
加入紅蔥頭片、鹽和胡椒。中
火油煎 20 分鐘，其間要時時
攪拌。

3 將小牛肉高湯倒入煎炒鍋中，再加
入百里香。湯汁煮滾後，轉小火續
煮 20 分鐘，其間要經常攪拌。鍋
子離火，加入剩下的奶油，用鍋鏟
攪拌混合。

★紅蔥頭醬可以在冰箱冷藏 2 天。
食材中的小牛肉高湯，可將其中
100ml 用等量紅酒取代。

準備時間：45 分鐘
料理時間：30 分鐘

串烤小內臟腸佐紅蔥頭醬

6 人份

材料

· 小內臟腸 1kg
· 馬鈴薯 750g
· 雞蛋 1 顆
· 白乳酪 2 大匙
· 芥末籽 2 大匙
· 芥末醬 2 大匙
· 奶油 30g
· 植物油 3 大匙
· 葵花子油 2 大匙
· 鹽和現磨胡椒

紅蔥頭醬材料

· 紅蔥頭 400g
· 特濃小牛肉高湯
  （作法參考 p.4-5）200ml
· 百里香 數枝
· 奶油 50g
· 鹽和現磨胡椒

1. 按照 p.64-65 的步驟，製作紅蔥頭醬。

2. 小內臟腸切成大約 2 公分的厚度，以烤肉叉串起備用。

3. 烤箱預熱至 180℃（火力 6 級）。

4. 煮紅蔥頭醬的同時，將馬鈴薯去皮，然後刨絲到沙拉碗中。與白乳酪、芥末醬、芥末籽、蛋液，以及鹽和胡椒混合。

5. 使用大的平底不沾鍋，加熱奶油和油。放入混合成薯餅的材料，用鍋鏟的背面按壓形成煎餅。用中火煎 5 至 7 分鐘。拿一個空盤協助煎餅翻面，另一面再煎 5 至 7 分鐘即可。

6. 烤盤覆蓋上料理紙，放置煎好的馬鈴薯煎餅，然後進烤箱烤 15 分鐘即完成。

7. 烤馬鈴薯煎餅的同時，小內臟腸串放在烤肉架上烤，或是在平底鍋放入葵花子油，每面中火煎 4 至 5 分鐘。加鹽和胡椒調味。串烤小內臟腸串，搭配馬鈴薯煎餅和紅蔥頭醬即可上菜。

番茄醬

準備時間：**30 分鐘**
料理時間：**1 小時 30 分鐘**

材料
成品約為 **1L** 的醬料

- 番茄 1.5kg
- 洋蔥 1 顆
- 大蒜 3 瓣
- 百里香 1 枝
- 迷迭香 1 枝
- 月桂葉 1 片
- 不甜的白酒 200ml
- 橄欖油 50ml
- 砂糖 1 大匙
- 鹽和現磨胡椒

1 番茄去蒂，然後放入煮滾水的長柄湯鍋中，汆燙 20 秒。撈起番茄，然後馬上過冷水。
番茄去皮、對半切、去籽，然後大略切碎。洋蔥和大蒜去皮、切細末。

2 烤箱預熱至 160℃（火力 5 至 6 級）。
在長柄湯鍋倒入橄欖油，放入洋蔥和大蒜，中火煮 5 分鐘。

3 加入切碎的番茄、糖、白酒、香草、鹽和胡椒。蓋上料理紙，然後整鍋煮滾。

這道基本醬料，可以完美搭配所有的義大利麵、烤魚、蒸魚，或是蔬菜蛋塔，也可以當作披薩配料使用。

4 將長柄湯鍋放入烤箱，任其烹煮1.5個小時。
從烤箱中拿出整鍋醬料，取出香草，並且攪拌均勻，形成滑順的番茄醬。

5 番茄醬冷卻後倒入罐中，可以冷藏保存3至4天（也可以冷凍）。

★也可以改用黃番茄，或以250g的紅椒來取代1/4的番茄。

準備時間：50 分鐘
煮麵時間：見外包裝說明
烘烤時間：25 至 30 分鐘

大貝殼麵鑲香草小牛肉餡

6 人份

材料

- 大貝殼麵　600 ～ 700g
- 牛絞肉　800g
- 帕瑪森乾酪絲　120g
- 白洋蔥　1 大顆
- 紅蔥頭　2 瓣
- 大蒜　1 瓣
- 平葉巴西利　1 束
- 細葉芹　1 小束
- 蝦夷蔥　1 束
- 龍蒿　3 枝
- 橄欖油　5 大匙
- 鹽和現磨胡椒

番茄醬材料

- 番茄　1.5kg
- 洋蔥　1 顆
- 大蒜　3 瓣
- 百里香　1 枝
- 迷迭香　1 枝
- 月桂葉　1 片
- 不甜的白酒　200ml
- 橄欖油　50ml
- 砂糖　1 大匙
- 鹽和現磨胡椒

1. 參考 p.68-69，製作番茄醬。

2. 先把大量的水煮滾，加入鹽，再加入大貝殼麵，煮 3 至 4 分鐘。用濾鍋瀝乾，過冷水。淋上 2 大匙橄欖油，以防止麵體沾黏在一起。

3. 洋蔥、紅蔥頭和大蒜，全部去皮，並且切成細末。將這些辛香料與剩下的橄欖油，倒入長柄湯鍋中，以中火拌炒 5 分鐘。接著添加絞肉，一邊攪拌，用大火加熱 5 至 6 分鐘，加鹽和胡椒調味。最後拌入 100ml 的番茄醬，續煮 5 分鐘。

4. 料理的同時，將香草洗淨、切末。等肉醬煮好時，將香草加入。

5. 烤箱預熱至 180℃（火力 6 級）。

6. 取另一個長柄湯鍋，加熱剩餘番茄醬，同時，一邊加入少許水稀釋，以產生足量的湯汁。

7. 在大貝殼麵中，一一鑲入香草肉餡，然後排放在大烤盤上。周邊淋上番茄醬，灑上磨碎的帕瑪森乾酪。整盤進烤箱烤 25 至 30 分鐘，立即上桌。

羅勒大蒜醬

準備時間：**30 分鐘**
料理時間：**5 分鐘**

材料
4 ～ 6 人份
成品約為 200ml 的醬料

- 松子　60g
- 帕瑪森乾酪　80g
- 大蒜　2 大瓣
- 新鮮羅勒　1 大束
- 橄欖油　100 ～ 120ml
- 鹽之花　1 小匙

1 大蒜去皮，如有必要可將芽一併摘除，切成蒜末。
在乾燥的平底鍋放入松子，烘烤 5 分鐘，冷卻後切碎；帕瑪森乾酪磨碎。

2 羅勒葉洗淨並切成細末備用。
取一只碗，先混合大蒜、松子
與鹽之花，再全部搗碎。

羅勒大蒜醬
可以搭配義大利麵、
烤紅鯔魚和煎榛子小牛肉，
也可以為湯品、火腿乳酪烤三明治
和夏日蔬菜派，增添風味。
當然，也是沙拉的
絕佳調味品。

3 加入羅勒葉。慢慢將油倒入，
然後加入帕瑪森乾酪。

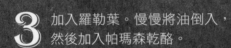

4 羅勒大蒜醬可以放冰箱保存。

★食材中的羅勒葉，也可以用 1 大把
芝麻菜來取代。若要製作羅勒大蒜紅
醬，可以將食材中 2/3 的羅勒葉，以
150g 的罐頭番茄取代；而原本食譜中
的松子，則可用去皮杏仁果來取代。

準備時間：30 分鐘
料理時間：20 分鐘

紅鯔魚&豆子佐羅勒大蒜醬

6 人份

材料

- 肥美的紅鯔魚
  （要去內臟、刮除鱗片）6 條
- 冷凍豆子　750g
- 奶油　40g
- 橄欖油
- 鹽和現磨胡椒

羅勒大蒜醬材料

- 松子　60g
- 帕瑪森乾酪　80g
- 大蒜　2 大瓣
- 新鮮羅勒　1 大束
- 橄欖油　100 ～ 120ml
- 鹽之花　1 小匙

1. 按照 p.72-73 的步驟，製作羅勒大蒜醬。

2. 冷水沖洗紅鯔魚後，用廚房紙巾擦乾水分。在魚身內部灑上鹽和胡椒。

3. 用長柄湯鍋煮滾一鍋水，然後加鹽，放入豆子煮 5 至 7 分鐘。撈起、過冷水後瀝乾。

4. 在平底鍋內，加入 3 大匙橄欖油，放入紅鯔魚煎 15 分鐘。

5. 取另一個平底鍋，加入奶油，大火炒豆子 2 分鐘。

6. 豆子盛盤，旁邊放上一條煮好的紅鯔魚，並且淋上羅勒大蒜醬。建議立即享受美食！

橄欖油醬

準備時間：**30** 分鐘
無須烹煮
冷藏時間：**2** 小時

材料

4～6 人份
成品約為 300ml 的醬料

- 番茄 3 大個
- 紅蔥頭 4 大瓣
- 羅勒 1 大束
- 橄欖油 120～150ml
- 鹽和現磨胡椒

1 先摘去番茄的蒂頭。
用長柄湯鍋將水煮滾，放入番茄煮
20 秒。撈起、過冷水。
將冷卻後的番茄去皮、對半切，取
出籽，然後切丁。

2 紅蔥頭去皮、切末。
羅勒洗淨、切末備用。

這道醬料非常適合用來
塗抹在烤紅鯔魚、
魟魚、鮟鱇魚或是
豬里肌肉片的表面。

3 在一個大碗裡，混合番茄、紅蔥末和
羅勒末。
加鹽和胡椒。慢慢倒入橄欖油，一邊
攪拌。
將橄欖油醬放入冰箱，冷藏 2 小時
備用。

★食材中的羅勒，可以用香菜取代，
然後再加入 1/4 顆切丁的鹽漬檸檬。

小牛胸肉嫩排佐香菜橄欖油醬

6 人份

材料

- 小牛胸肉牛排
  （每片約 200g）6 片
- 小紅蘿蔔 12 根
- 嫩韭蔥 6 根
- 嫩珍珠蔥 1 串
- 橄欖油 50ml
- 鹽和現磨胡椒

橄欖油醬材料

- 番茄 3 大顆
- 紅蔥頭 4 大瓣
- 香菜 1 小束
- 橄欖油 150ml
- 鹽和現磨胡椒

1. 按照 p.76-77 的步驟，將食材中的羅勒以香菜取代，製作橄欖油醬。

2. 紅蘿蔔、珍珠蔥和韭蔥，都先去皮。鑄鐵烤盤以小火加熱，開始烤韭蔥，要記得時時翻面。加入紅蘿蔔和珍珠蔥，大約烤 30 分鐘，其間時時刷上橄欖油，並且要常常翻面。

3. 料理同時，將牛排每一面抹上鹽和胡椒，放入已經加好橄欖油的大平底鍋。大約煎 30 至 40 分鐘。先用中火，再用小火，每 6 至 8 分鐘，要翻面一次。

4. 將牛排和烤蔬菜盛盤，淋上橄欖油醬，馬上享受美食。

如果希望牛肉能軟嫩多汁的話，烹調一開始就要蓋上鍋蓋。

狗醬

準備時間：30 分鐘
料理時間：3 分鐘
冷藏時間：1 小時

材料

4 ～ 6 人份
成品約為 300ml 的醬料

- 洋蔥（帶有一小截綠莖）4 顆
- 葵花籽油或葡萄籽油 100ml
- 大蒜 4 瓣
- 檸檬 2 顆
- 平葉巴西利 1 束

- 紅椒 1 小顆
- 紅糖 滿滿 1 大匙
- 鹽

1 將洋蔥洗淨，與綠莖一起切片。
大蒜去皮、切末。

2 巴西利洗淨、切末。
檸檬擠汁。
紅椒洗淨、去籽並切末。

3 在一個大碗裡,混合洋蔥、大蒜、紅椒和巴西利。
將檸檬汁倒入長柄湯鍋內,加入油、50ml 的水和 1 小撮鹽,一起煮滾 3 分鐘。

這道醬料完美搭配
烤鮪魚或是旗魚,
另外也都很適合搭配白肉、
香煎小牛肉或是
豬里肌排。

4 將煮沸的檸檬混合液,倒在碗裡的食材上面,並且拌勻。
待冷卻後,將醬料放入冰箱冷藏至少 1 小時。

準備時間：30 分鐘
冷藏時間：1 小時
料理時間：15 分鐘

旗魚排佐日式芥末狗醬

6 人份
材料

· 旗魚片（每片約 180g）6 片
· 橄欖油 3 大匙
· 鹽和現磨胡椒

狗醬材料

· 洋蔥（帶有一小截綠莖）4 顆
· 大蒜 4 瓣
· 檸檬 2 顆
· 平葉巴西利 1 束
· 紅椒 1 小顆
· 紅糖 滿滿 1 大匙
· 葵花籽油或葡萄籽油 100ml
· 日式芥末 滿滿 1 小匙
· 鹽

1. 按照 p.80-81 的步驟製作狗醬，最後的步驟再加上日式芥末。

2. 旗魚片抹上鹽和胡椒，放入加了橄欖油的平底鍋，每一面用中火油煎 5 至 6 分鐘（也可以放在鐵板炙烤，每面 6 至 8 分鐘）。

3. 淋上狗醬後，美食無須等待，請立即享用。

以番茄沙拉佐雪利酒醋
和巴薩米可醋，
一起搭配上菜。

時蘿醬

準備時間：15 分鐘

無須烹調

材料

4 ～ 6 人份

成品約為 300ml 的醬料

- Savora 牌芥末醬 滿滿 1 大匙
- 蛋黃 1 顆
- 新鮮蒔蘿 1 束
- 蜂蜜 滿滿 2 大匙
- 葵花籽油 200ml
- 鹽和現磨胡椒

1 在容器中混合芥末醬、
蛋黃、鹽和胡椒。

2 讓油成一直線，慢慢倒入
容器，一邊要不停攪拌，
形成美乃滋醬。

3 將蒔蘿切末，加入容器。
倒入蜂蜜加以攪拌。

這道美味醬料
可以搭配醃鮭魚、
煙燻魚類料理、
魚肉凍冷盤，
或是烤小牛肉冷盤等。

4 醬料換碗盛起。
★醬料可以放冰箱冷藏 2 天。

蒔蘿醬貝果

4 份貝果

材料

· 貝果麵包 4 個
· 蒔蘿醬醃漬鮭魚 4 大片
· 高麗菜絲 200g

蒔蘿醬材料

· 蛋黃 1 顆
· 新鮮蒔蘿 2 束
· Savora 牌芥末醬 滿滿 1 大匙
· 蜂蜜 1 小匙
· 葵花籽油 100ml
· 鹽和現磨胡椒

1. 烤箱預熱到 200℃（火力 6 至 7 級）。

2. 按照 p.84-85 的步驟，製作蒔蘿醬。

3. 將 3/4 的醬料與高麗菜絲混合均勻。鮭魚則切成寬條狀。

4. 麵包對半切，然後放在烤盤上，剖面朝上，進烤箱烘烤 4 至 5 分鐘。

5. 把麵包從烤箱拿出來，先放上一層高麗菜絲，再放上鮭魚條。剩餘的醬料，則塗抹在另外一片麵包上。將兩片麵包合起來，即可馬上享受美食。

綠咖哩醬

準備時間：**15 分鐘**
料理時間：**15 分鐘**

材料

4 ～ 6 人份

成品約為 300ml 的醬料

- 綠咖哩 2 大匙
- 紅洋蔥 1 顆
- 花生 60g
- 新鮮香菜 數枝
- 椰奶 300ml
- 橄欖油 50ml
- 鹽和現磨胡椒

1 洋蔥去皮，切細末。
花生用刀背拍碎（或使用小型
研磨機磨碎）。

2 長柄湯鍋內加入橄欖油，放入洋蔥，
以中火加熱 3 分鐘。
加入花生和綠咖哩，混合均勻，炒 2
分鐘，讓色澤呈現金黃。

3 將椰奶和 100ml 的水倒入湯鍋內。
加鹽和胡椒。
煮沸，中火加熱 10 至 15 分鐘。

這道充滿異國風味的醬料，
可以完美搭配白肉
或是鐵板魚排。

4 醬料倒入碗裡。
香菜洗淨、切碎，添加到醬中。保溫
備用。

★食材中的綠咖哩，可以用辣度較高
的紅咖哩代替。

準備時間：30 分鐘
料理時間：10 分鐘

鐵板鮟鱇魚塊佐綠咖哩醬

6 人份

材料

· 鮟鱇魚片 1.2kg
· 培根 12 片
· 泰國米或印度香米 400g
· 辣味咖哩 1 大匙
· 橄欖油 50ml ＋少許（鐵板用）
· 鹽和現磨胡椒

綠咖哩醬材料

· 綠咖哩醬 2 大匙
· 紅洋蔥 1 顆
· 花生 60g
· 新鮮香菜 數枝
· 椰奶 300ml
· 橄欖油 50ml
· 鹽和現磨胡椒

1. 按照 p.88-89 的步驟，製作綠咖哩醬。

2. 將鮟鱇魚片切成 12 小塊。加鹽和胡椒調味。每個魚塊用一片培根捲起來。

3. 將水煮滾，加鹽，放入生米煮 10 分鐘。煮好後，放進濾鍋沖冷水後瀝乾。

4. 在一個大平底鍋熱油，加入煮過的米，與辣味咖哩、鹽和胡椒，以大火炒 5 至 6 分鐘。

5. 用吸油紙巾將鐵板稍微上油，並且以中火預熱。鮟鱇魚塊放上鐵板，煎烤 8 至 10 分鐘，其間要常常翻面。

6. 鮟鱇魚塊淋上綠咖哩醬，搭配炒飯一起上菜。

椰奶醬

準備時間：**20** 分鐘
料理時間：**30** 分鐘

材料

4～6 人份

成品約為 **300ml** 的醬料

- 椰奶 300ml
- 魚高湯（作法參考 p.8-9）150ml
- 洋蔥 1 大個
- 薑泥 2 大匙
- 咖哩粉 1 大匙
- 橄欖油 50ml
- 鹽和現磨胡椒

1 洋蔥去皮、切碎。
長柄湯鍋加入橄欖油、放入洋蔥，以
中火加熱 5 分鐘。
加入咖哩粉和薑泥醬，中火煮 3 分
鐘，使其呈現金黃色澤。

2 魚湯倒入長柄湯鍋內，煮滾，達
到收汁一半的程度。

3 加入椰奶、鹽和胡椒。
中火煮 10 分鐘收汁。

適合搭配
炒蝦子、烤魚、
鐵板煎烤切半龍蝦
或炸魚餅。

4 將椰奶醬倒入碗中。
★保存醬料的方式，可以放
冰箱冷藏 **2** 天或是冷凍。

準備時間：40 分鐘
料理時間：10 分鐘

芥末鱒魚餅佐椰奶醬

6 人份

材料

· 海鱒魚片（去皮）700g

· 荷蘭豆 600g

· 橄欖油 2 大匙＋ 3 大匙（料理用）

· 日式芥末 1 大匙

· 鹽和現磨胡椒

椰奶醬材料

· 椰奶 300ml

· 魚高湯（作法參考 p.8-9）150ml

· 洋蔥 1 大顆

· 薑泥 2 大匙

· 咖哩粉 1 大匙

· 橄欖油 50ml

· 鹽和現磨胡椒

1. 剔除鱒魚片的魚油和魚骨。用刀將魚肉剁成末。紅蔥頭去皮、切碎。

2. 在沙拉碗裡，加入剁碎的魚肉、紅蔥頭、日式芥末、橄欖油、鹽和胡椒，用手揉勻。最後捏出 18 個圓餅形狀，放在盤子上。放冰箱冷藏備用。

3. 按照 p.92-93 的步驟，製作椰奶醬。

4. 製作醬料的同時，清洗荷蘭豆。以長柄湯鍋煮水，待水滾後，加鹽並且放入荷蘭豆預煮到半熟，約 3 分鐘。用瀝網撈起，並在冷水下沖洗。

5. 平底鍋倒入油，放進魚肉餅，每一面要煎 4 至 5 分鐘，直到呈現金黃色澤，記得要定時翻面。荷蘭豆放到鐵板上稍微煎烤 3 分鐘。

6. 用打蛋器稍微攪打椰奶醬，與鱒魚餅和荷蘭豆一起上菜。

鹽漬檸檬醬

準備時間：**20** 分鐘
料理時間：**3** 分鐘

材料

4～6 人份

成品約為 300ml 的醬料

- 鹽漬檸檬 半顆
- 香菜 數枝
- 蜂蜜 2 大匙
- 柳橙汁 50ml
- 橄欖油 100ml
- 米醋 80ml
- 鹽和現磨胡椒

1 鹽漬檸檬去籽，並且切成小塊。
香菜洗淨、切碎。

2 使用長柄湯鍋來加熱米醋和
蜂蜜。
加鹽和胡椒調味後，中火煮
3 分鐘。

3 將切塊的鹽漬檸檬，放進深一點的容器。加入熱的米醋和蜂蜜，以及柳橙汁、橄欖油和香菜。用手持式電動攪拌棒攪打 2 分鐘。

醬料可以搭配
鐵板煎烤貝殼、烤魚、沙拉，
或拿來當作油醋醬使用。

4 打好的醬料倒入大碗。

★醬料可以放冰箱，冷藏保存 2 天。

準備時間：30 分鐘
料理時間：5 分鐘

聖賈克干貝佐鹽漬檸檬醬

6 人份

材料

· 新鮮不帶卵的聖賈克干貝
  30 粒

· 菠菜芽　600g

· 橄欖油　2 大匙

· 鹽和現磨胡椒

鹽漬檸檬醬材料

· 鹽漬檸檬　半顆

· 香菜　2 枝

· 蜂蜜　2 大匙

· 柳橙汁　50ml

· 橄欖油　100ml

· 米醋　80ml

· 鹽和現磨胡椒

1. 按照 p.96-97 的步驟，製作鹽漬檸檬醬。

2. 菠菜芽洗淨、瀝乾。

3. 在干貝上，灑鹽和胡椒。平底鍋加橄欖油，
   放進干貝，每一面用中火煎 1 分鐘備用。

4. 將菠菜芽加進平底鍋。加鹽和胡椒調味，煮
   2 分鐘，其間要不停攪拌。

5. 菠菜芽盛盤，每盤放上 5 粒干貝，然後澆上
   鹽漬檸檬醬即可。

照燒醬

準備時間：15 分鐘
料理時間：3 分鐘

材料
4 ～ 6 人份
成品約為 450ml 的醬料

- 嫩薑 30g
- 醬油 100ml
- 味醂或米醋 滿滿 3 大匙
- 麻油 滿滿 2 大匙
- 砂糖 25g
- 現磨胡椒

1 嫩薑去皮、磨末。

2 長柄湯鍋內，倒入醬油、味醂
（或米醋）和麻油，加入薑末、
砂糖和胡椒拌勻。
小火煮3分鐘，關火冷卻備用。

這是做鐵板燒或
烤肉時的理想醃料！

3 將烤肉串浸泡在醬汁裡，大約醃2小
時，再進行料理。
也可在步驟2煮醬汁之前，加入2
瓣大蒜。

★此醬汁可以當作各式烤肉串的醃
醬：包括牛肉、小牛肉、雞肉、蝦
子、明蝦。此外也可以搭配旗魚片、
鮪魚片、豬里脊肉片或鴨胸肉片。

準備時間：30 分鐘
醃漬時間：6 小時
料理時間：10 分鐘

照燒雞肉串

6 人份

材料

· 雞胸肉　6 片
· 荷蘭豆　600g
· 橄欖油　3 大匙
· 鹽和現磨胡椒

照燒醬材料

· 嫩薑　30g
· 醬油　100ml
· 味醂或米醋　3 大匙
· 麻油　2 大匙
· 砂糖　25g
· 鹽和現磨胡椒

1. 按照 p.100-101 的步驟，製作照燒醬。

2. 雞胸肉切小塊，並且依序串在中等長度的竹籤上。

3. 將烤肉串緊緊排在湯盤裡，倒入照燒醬。盤子覆蓋上保鮮膜，放入冰箱冷藏至少 6 小時。

4. 以長柄湯鍋煮水，待水煮滾後加鹽，並且放入荷蘭豆煮 2 分鐘。撈起、馬上過冷水並且瀝乾。

5. 將肉串的醃醬瀝乾，放入平底鍋，以橄欖油大火煎 5 分鐘，其間要經常翻面。火轉小，將醃醬慢慢塗在肉串表面，使其逐步呈現焦糖色澤。均勻上色後，即可關火，並保溫備用。

6. 將荷蘭豆與一些醬汁放到平底鍋裡加熱，用鍋鏟攪拌。加鹽和胡椒調味，即可上菜。

香草醬

準備時間：**10 分鐘**
料理時間：**10 至 15 分鐘**

材料

4 ～ 6 人份

成品約為 250ml 的醬料

- 香草豆莢 1 枝
- 甜白酒 120 ～ 150ml
- 葵花籽油 100ml
- 葡萄酒醋 50ml
- 砂糖 25g
- 鹽和現磨胡椒

1　香草豆莢剖開，將籽刮下備用。
　　酒和醋倒入長柄湯鍋，加糖、香
　　草籽和香草莢。
　　用中火煮 10 至 15 分鐘，成為
　　糖漿。

2 鍋內的糖漿倒入深一點的容器中，香草莢要拿出來（暫時不要丟掉）。
將油倒入容器中，加鹽和胡椒調味。
用手持電動攪拌棒混合均勻，讓醬料滑順。

非常適合搭配烤魚、挪威海螯蝦、龍蝦、明蝦或白肉。冷的香草醬，甚至可以當作油醋醬，用來佐酪梨沙拉或聖賈克干貝。

3 將香草莢放回醬料中以增添風味。
香草醬上菜，冷熱皆宜。

★香草醬非常適合拿來燴鍋，或是用來搭配魚蝦類海鮮。

挪威海螯蝦卡黛芙佐香草醬

6 人份

材料

· 挪威海螯蝦　18 大尾

· 卡黛芙細麵條
（購自阿拉伯雜貨店）150g

· 橄欖油　3 大匙

· 鹽和現磨胡椒

香草醬材料

· 香草豆莢　1 枝

· 甜白酒　150ml

· 葡萄酒醋　50ml

· 葵花籽油　100ml

· 砂糖　25g

· 鹽和現磨胡椒

1. 烤箱預熱至 200℃（火力 6 至 7 級）。

2. 按照 p.104-105 的步驟，製作香草醬。

3. 海螯蝦去掉頭部，小心剝去蝦殼，保留尾部的殼。從背部切開，取出腸泥。

4. 灑上鹽和胡椒，然後用卡黛芙細麵條小心包裹蝦肉。裹好的海螯蝦放在鋪好料理紙的烤盤上，然後塗上橄欖油。

5. 海螯蝦進烤箱烤 4 至 5 分鐘。搭配香草醬和野苣沙拉即可食用。

上菜時，
可以搭配各式
芽菜和切絲的
莒蓬菜沙拉一起享用。

香茅醬

準備時間：20 分鐘
料理時間：8 分鐘

材料

4 ～ 6 人份

成品約為 250ml 的醬料

- 香茅 2 枝
- 中型黃洋蔥 1 顆
- 紅椒 1 小顆
- 香菜 數枝
- 甜醬油 50ml
- 魚露 2 大匙
- 橄欖油 100ml
- 鹽和現磨胡椒

1 洋蔥去皮、切末。
紅椒洗淨、去籽，然後切末。
剝去香茅最外層，並且切末。

2 在長柄湯鍋內，加入 2 大匙橄欖油，
中火拌炒洋蔥 3 分鐘。
加入香茅、紅椒、鹽和胡椒，小火煮
2 分鐘。

3 香菜洗淨、剁碎。
將甜醬油、魚露和剩下的油倒入鍋裡，整鍋煮2分鐘，關火，加入香菜。

香茅醬可以用來醃明蝦、雞肉串、小牛肉菲力、後腿肉牛排等。

4 將醬料倒在食材上。
★醬料可以放冰箱冷藏保存3天。食材中的香茅，可以用泰國羅勒取代。

準備時間：45 分鐘
醃漬時間：6 小時
料理時間：10 分鐘

香茅牡蠣串

6 人份

材料

- 2 號牡蠣 30 顆
  （譯註：牡蠣依大小編碼 0 至 6 號，
  號碼愈小，體型愈大。）
- 雞蛋 2 顆
- 麵粉 80g
- 日式麵包粉或傳統麵包粉 200g
- 葵花籽油或葡萄籽油 3 大匙

香茅醬材料

- 香茅 2 枝
- 中型黃洋蔥 1 顆
- 紅椒 1 小顆
- 香菜 3 枝
- 甜醬油 50ml
- 魚露 2 大匙
- 橄欖油 100ml
- 鹽和現磨胡椒

1. 在長柄湯鍋上，打開牡蠣外殼，並且小心將蠔肉取出，放入鍋內加熱。出現快煮滾的跡象時，關火，讓蠔肉繼續泡在湯汁裡，然後逐漸冷卻。撈起蠔肉，放在紙巾上吸乾水分，然後放到深盤內備用。

2. 按照 p.108-109 的步驟，製作香茅醬。

3. 將醃醬蓋過蠔肉。用保鮮膜將盛裝的容器封起來，並放置冰箱冷藏 6 小時。

4. 將蛋打在一個深盤內。另找兩個盤子，分別倒入麵粉和麵包粉。

5. 將蠔肉稍微瀝乾（醃醬要保留），並且依序沾上麵粉、蛋液和麵包粉。然後將蠔肉串到竹籤上。

6. 平底鍋加入油，放進牡蠣串以大火油煎，每一面煎 3 分鐘，即可享用（可以用醃醬來搭配品嚐牡蠣）。

蘋果葡萄柚甜酸醬

準備時間：30 分鐘
料理時間：1 小時

材料

4 ～ 6 人份

成品約為 300g 的醬料

- 黃蘋果 2 顆
- 葡萄柚 2 顆
- 紅蔥頭 2 瓣
- 薑泥（可選） 30g
- 米醋或白酒醋 100ml
- 砂糖 70g
- 鹽和現磨胡椒

1 葡萄柚剝皮，用鋒利的刀將
柚肉切成 4 瓣。
按壓果肉，擠出果汁。

2 紅蔥頭去皮、切碎。
蘋果洗淨，並切成丁（不去皮）。

3 煎炒鍋內放入蘋果丁、紅蔥頭末和葡萄柚果肉及果汁。
加入砂糖、醋、鹽和胡椒,整鍋攪拌混合(可以根據口味,決定是否加進薑泥 30g)。

這道美味的醬料,
非常適合搭配乾果兔肉醬、
烤小牛肉或豬肉冷盤。

4 以小火煮 1 小時,其間要經常攪拌。
放涼備用。

★食材中的蘋果,可以用 1 顆小芒果或是 2 個梨子取代。

準備時間：35 分鐘
靜置時間：1 個晚上
料理時間：1 小時 15 分鐘

小牛胸腺佐葡萄柚甜酸醬

6 人份

材料

- 小牛胸腺 1.2kg
- 歐洲防風草 1.5kg
- 奶油 180g
- 植物油 3 大匙
- 鹽和現磨胡椒

葡萄柚甜酸醬材料

- 葡萄柚 2 大顆
- 紅蔥頭 2 瓣
- 薑泥 25g
- 米醋 50ml
- 砂糖 50g
- 鹽和現磨胡椒

1. 料理的前一天，將沙拉碗裝水，放入小牛胸腺泡 1 小時。之後取出小牛胸腺，放入長柄湯鍋。倒入冷水，要蓋過牛胸腺的高度，開火整鍋煮到滾，繼續維持中火小滾的狀態煮 5 分鐘。

2. 小牛胸腺瀝乾，在水龍頭下沖冷水冷卻。將整塊肉洗淨，去除膜和小條血管。將牛胸腺放進濾鍋，上面蓋上盤子並放上重物，置於冰箱冷藏 1 晚。

3. 料理當天，按照 p.112-113 的步驟，製作甜酸醬（蘋果省略不用）。

4. 料理的同時，將歐洲防風草剝皮切塊。長柄湯鍋煮滾一鍋水，加鹽，然後放入防風草煮 30 分鐘。撈起防風草瀝乾，與 150g 的切塊奶油混合。加鹽和胡椒，做成濃湯。隔水保溫備用。

5. 以手持式電動攪拌器攪拌葡萄柚甜酸醬 20 秒，放涼備用。

6. 在大的平底鍋內，先加熱剩下的油和奶油，再放入小牛胸腺、鹽和胡椒。煎 15 至 20 分鐘，一邊澆淋烹飪中所出的油，以增添焦糖色澤。將小牛胸腺撈起，放在紙巾上吸乾油分。搭配奶油防風草和葡萄柚甜酸醬即可享用。

番茄醬（沾醬用）

準備時間：**30 分鐘**
料理時間：**2 小時**

材料
4～6 人份
成品約為 300ml 的醬料

- 番茄　500g
- 黃洋蔥　1 顆
- 大蒜　1 瓣
- 紅酒醋　100ml
- 砂糖　100g
- 鹽和現磨胡椒

1 番茄去蒂，然後放入水煮滾的長柄湯鍋中，汆燙 20 秒。撈起番茄，然後馬上過冷水。
番茄去皮、對半切、去籽，然後大略切碎。洋蔥和大蒜去皮、切細末。

2 將番茄放進長柄湯鍋裡，加入糖、醋、洋蔥、大蒜，鹽和胡椒。蓋上鍋蓋，以文火燜煮約 2 小時。

3 用手持式電動攪拌棒將整鍋料攪打混合均勻，使用細網過濾醬料。

不可或缺的沾醬
（家庭自製的最美味），
可以搭配薯條、
馬鈴薯、漢堡和熱狗等。

4 將番茄醬倒入碗中。可以裝罐或是密封冷藏（保存時間約2週左右）。

★如要製作辣味番茄醬，則在烹飪前添加 1/2 小匙的辣椒粉和少許紅辣椒末即可。

烤肉醬

準備時間：**15 分鐘**
料理時間：**15 至 20 分鐘**

材料

4～6 人份
成品約為 300ml 的醬料

- 紅蔥頭 2 瓣
- 番茄醬 100g
- 醬油 50ml
- 威士忌 50ml
- 紅糖 25g
- 鹽和現磨胡椒

1 紅蔥頭去皮、切細末，放入長柄湯鍋內。
加入紅糖、醬油、番茄醬、威士忌、鹽和胡椒。

2 整鍋以小火煮約 15 至 20 分鐘，不時用湯勺攪拌。
接下來，用手持式電動攪拌棒攪打成醬。

這道美味醬料，
可完美搭配肋排、
炸雞塊、炙烤紅肉、
烤豬肉或是
烤小牛肉等料理。

3 醬料冷卻後，用碗或玻璃罐盛裝起來。

★若加入 1 大匙塔巴斯科辣椒醬和 2 大匙檸檬汁，就是德墨風味的版本。

凱撒醬

準備時間：20 分鐘
料理時間：10 分鐘

材料

4～6 人份

成品約為 300ml 的醬料

- 雞蛋 3 顆
- 油漬鯷魚片 3 片
- 檸檬 1 顆
- 大蒜 2 瓣
- 帕瑪森乾酪 70g
- 酸豆（可選） 30g
- 芥末醬 1 大匙

- 伍斯特烏醋醬 2 大匙
- 鮮奶油 50ml
- 雪利酒醋 2 大匙
- 橄欖油 100ml
- 鹽和現磨胡椒

1 用長柄湯鍋將水煮滾、加鹽，放入 2 顆雞蛋，煮 10 分鐘。雞蛋撈起、過冷水、剝殼、切碎。檸檬擠汁。大蒜去皮、切細末。

2 在深底容器中放入白煮雞蛋、一顆生蛋黃、芥末醬、酸豆、鯷魚、大蒜、伍斯特烏醋醬、醋、檸檬汁、鹽和胡椒。用手持式電動攪拌棒混合攪打 1 分鐘。

3 倒入橄欖油的同時，
一邊繼續攪拌。

這道醬料可以
用在凱撒沙拉、
當作漢堡抹醬、
搭配白肉冷盤或
白肉熟食。

4 帕瑪森乾酪刨絲，加入醬料中，
再繼續攪拌 30 秒。將醬料冷藏保
存，並請儘快使用完畢。

換算表

液體度量單位

公制	美制	其他
5 毫升	1 小匙（茶匙／咖啡匙）	
15 毫升	1 大匙（湯匙）	
35 毫升	1/8 杯	1 盎司
65 毫升	1/4 杯 或 1/4 大玻璃杯	2 盎司
125 毫升	1/2 杯 或 1/2 大玻璃杯	4 盎司
250 毫升	1 杯 或 1 大玻璃杯	8 盎司
500 毫升	2 杯 或 1 品脫	
1 公升	4 杯 或 2 品脫	

固體度量單位

公制	美制	其他
30 公克	1/8 盎司	
55 公克	1/8 磅	2 盎司
115 公克	1/4 磅	4 盎司
170 公克	3/8 磅	6 盎司
225 公克	1/2 磅	8 盎司
454 公克	1 磅	16 盎司

烤箱溫度

溫度	攝氏	火力級數	華氏
微弱	70℃	第 2 ～ 3 級	150 ℉
弱	100℃	第 3 ～ 4 級	200 ℉
	120℃	第 4 級	250 ℉
中	150℃	第 5 級	300 ℉
	180℃	第 6 級	350 ℉
強	200℃	第 6 ～ 7 級	400 ℉
	230℃	第 7 ～ 8 級	450 ℉
特強	260℃	第 8 ～ 9 級	500 ℉

高寶書版集團
gobooks.com.tw

CI 101

手作醬汁聖經：法國食譜天王教你做出經典西式醬汁，
塔塔醬、凱撒醬、白醬、番茄醬、荷蘭醬等
Sauces!

作　　者　瓦雷西‧杜葉（Valéry Drouet）
攝　　影　皮耶路易‧威爾（Pierre-Louis Viel）
譯　　者　陳惠菁
副總編輯　蘇芳毓
編　　輯　林婉君
排　　版　趙小芳
封面設計　邱筱婷
企　　畫　陳俞佐

發 行 人　朱凱蕾
出　　版　英屬維京群島商高寶國際有限公司台灣分公司
　　　　　Global Group Holdings, Ltd.
地　　址　台北市內湖區洲子街88號3樓
網　　址　gobooks.com.tw
電　　話　(02) 27992788
電　　郵　readers@gobooks.com.tw（讀者服務部）
　　　　　pr@gobooks.com.tw（公關諮詢部）
傳　　真　出版部　(02) 27990909　行銷部 (02) 27993088
郵政劃撥　19394552
戶　　名　英屬維京群島商高寶國際有限公司台灣分公司
發　　行　希代多媒體書版股份有限公司/Printed in Taiwan
初版日期　2016年2月

Sauces ! by Valéry Drouet and Pierre-Louis Viel
© Mango, Paris – 2015
Complex Chinese edition © 2016 by Global Group Holdings, Ltd.
Complex Chinese translation rights arranged through The Grayhawk Agency.
All rights reserved.

國家圖書館出版品預行編目（CIP）資料

手作醬汁聖經：法國食譜天王教你做出經典西式醬汁，塔塔醬、凱撒醬、
白醬、番茄醬、荷蘭醬等 / 瓦雷西 ‧ 杜葉（Valéry Drouet）著、
皮耶路易 ‧ 威爾（Pierre-Louis Viel）攝影；陳惠菁譯 . – 初版 . --
臺北市：高寶國際出版：希代多媒體發行. 2016.02
　面；　公分 . – （嬉生活；CI 101）
譯自：Sauces!

ISBN 978-986-361-258-2（平裝）

1. 調味品　2. 食譜

427.61　　　　　　　　　　　　　105000175